把农田
搬回家

谭耀文　陈胜文　曹健松　主编

两米阳台　栽种未来

家有润田

——都市菜园栽培实用指导手册

SPM 南方出版传媒

广东科技出版社 ｜ 全国优秀出版社

· 广　州 ·

图书在版编目（CIP）数据

家有润田：都市菜园栽培实用指导手册 / 谭耀文，陈胜文，曹
健松主编 . —广州：广东科技出版社，2019.3
ISBN 978-7-5359-7067-1

Ⅰ . ①家…　　Ⅱ . ①谭…②陈…③曹…　　Ⅲ . ①蔬菜园艺—手册
Ⅳ . ① S666.3

中国版本图书馆 CIP 数据核字（2019）第 030424 号

家有润田——都市菜园栽培实用指导手册
Jiayouruntian—Dushi Caiyuan Zaipei Shiyong Zhidao Shouce

责任编辑：罗孝政
封面设计：柳国雄
责任校对：梁小帆
责任印制：彭海波
出版发行：广东科技出版社
　　　　　（广州市环市东路水荫路 11 号　邮政编码：510075）
http：//www.gdstp.com.cn
E-mail：gdkjyxb@gdstp.com.cn（营销）
E-mail：gdkjzbb@gdstp.com.cn（编务室）
经　　销：广东新华发行集团股份有限公司
印　　刷：广州市岭美彩印有限公司
　　　　　（广州市荔湾区花地大道南海南工商贸易区 A 幢　邮政编码：510385）
规　　格：787mm×1 092mm　1/16　印张 15　字数 300 千
版　　次：2019 年 3 月第 1 版
　　　　　2019 年 3 月第 1 次印刷
定　　价：68.00 元

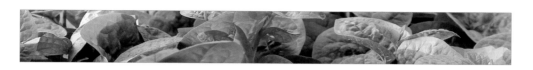

《家有润田——都市菜园栽培实用指导手册》
编委会

主　　编：谭耀文　陈胜文　曹健松

编写人员（按姓氏拼音排序）：

曹健松	陈纯秀	陈胜文	陈易伟	戴修纯
何国平	贺东方	胡　红	黄亮华	黄剑娣
李伯寿	李莲芳	林鉴荣	刘　峰	潘启取
乔燕春	秦晓霜	谭　雪	谭耀文	田耀加
王燕平	吴宇军	谢国平	谢秀菊	徐勋志
杨光平	张　华	张　晶	张文胜	郑岩松

　　本书得到广州市科技创新委员会"'两米阳台　栽种未来'都市农业科普品牌培育"（编号：201709010056）和"广州农业高新技术产业示范区关键技术平台建设及农村科技特派员工程——都市菜园高效栽培关键技术研究"（编号：201909020001)项目的资助并作为项目的重要内容；同时得到"2018年科技小屋系列主题科普互动展品创作"（编号：201806020018）项目的经费支持。

前言

Foreword

　　城市化的迅速发展，给我们的生活带来了很多便利，而城市楼宇林立，又让我们在紧张的工作、学习中更怀念过往一片春韭绿和满棚瓜豆生的田园景象。城市中的不少朋友或是出于对孩子教育的需要，或是方便与街坊邻里交融，或是营造楼宇空间景观，或是仿古人躬耕田园之乐，又或是为追求好食材耕种菜园，他们都会提出怎样利用城市楼宇空间来耕种都市菜园的疑问。

　　无论在楼宇的阳台、天台，还是在空地中耕种都市菜园，其主要原理与大田生产蔬菜是相通的，但是由于空间位置和目的不同，有些具体做法就要做出相应调整。为此，我们针对中小学学生和热爱耕种都市菜园的朋友，就蔬菜种植基本常识、都市菜园的设计与建造、

种植品种的选择、常见栽培蔬菜类型、日常管理，以及动物和病虫为害防治等逐一列出若干问题并进行解答。最后，就都市菜园种植的蔬菜以春、夏、秋、冬四季分别举例，共做 12 个菜式，供各位朋友参考，以期撩起各位对美食的追求和对耕种菜园的兴趣。

我们期望这本书，能成为您耕种都市菜园的实用指导手册，并以此把农田搬回家，用都市方寸空间栽种出幸福、快乐的生活。

目录

Contents

**都市菜园
基本常识**

都市菜园
设计与建造

↑ 阳台菜园

都市菜园
种植品种的选择

都市菜园
常见栽培蔬菜类型

↑ 蒲瓜

都市菜园
日常管理

都市菜园
动物和病虫为害防治

↓ 第一年种植的葡萄未长满棚，种上丝瓜好乘凉

都市菜园
时令特色菜单

都市菜园
基本常识

把农田搬回家
两米阳台　栽种未来

菜园收获

1 / 蔬菜分类方法

　　东汉许慎的《说文解字》里说："菜，草之可食者。"又进一步解释为"菜"者，采摘来的可食之草，而"蔬"才是人工培植的蔬菜。而《尔雅·释天》里说："凡草菜之可食者，通名为蔬。"其实，正如所有的农作物都经历从野生植物到栽培作物的演化过程一样，蔬菜也是从草之可食者，逐步演变驯化栽培而来的。后来，除了草本的蔬菜外，有些木本植物的嫩茎如香椿、多年生的竹笋和食用菌等也被列为蔬菜。

　　草之野生可食的为野生蔬菜，经驯化培育的为栽培蔬菜。中国蔬菜栽培的历史可以追溯到 6 000 年前的仰韶文化时期。蔬菜作为人类生活的必需品，伴随着人类社会的发展，其种类和品种得到不断丰富。蔬菜食用的产品器官，有的是柔嫩的叶片（叶球），有的是新鲜的果实或种子，有的是膨大的肉质根或茎（块茎、鳞茎），还有的是嫩茎、花球或幼芽等。根据生长周期的不同，有的是一两年生植物，有的是多年生植物。除了草本植物外，有的还属于木本植物、菌类或藻类。

↑菜心

对于蔬菜的分类，可以有多种方法，通常采用的有以下 3 种方法。

1.1 植物学分类法

根据蔬菜作物的形态特征，按照纲、目、科、属、种（亚种）、变种进行分类。如：菜薹（菜心），是双子叶植物纲十字花科芸薹属芸薹种白菜亚种的一个变种，学名为 *Brassica campestris* L. ssp. *chinensis* (L.) var. *utilis* Tsen et Lee，这个变种包含一大批不同叶型、叶色、株型、熟性和不同生长期的品种。

1.2 食用器官分类法

　　根据食用器官的不同，蔬菜分为根菜类、茎根类、叶菜类、花菜类、果菜类等。

↑ 刺芫荽

↑ 樱桃萝卜

↑ 珍珠菜

1.3 农业生物学分类法

　　该方法是将蔬菜作物的生物学特性和栽培技术基本相似的归为一类，在蔬菜生产和市场流通上大多是按这种分类法。一般把现有蔬菜分为 15 类，分别为白菜类、甘蓝类、根菜类、芥菜类、茄果类、豆类、瓜类、叶菜类、芽苗菜类、葱蒜类、薯芋类、水生类、多年生及杂菜类、食用菌类、香草类。

2/有关蔬菜栽培的术语

蔬菜作物生长发育要有适宜的生长环境，要满足不同蔬菜的生长，就要创造或改变其生长环境。针对蔬菜生长和环境的创造或改变，涉及不少农业的专业术语，对于不是农业专业出身而又希望栽培蔬菜的朋友，理解几个关键的专业术语，对接下来掌握蔬菜栽培知识是有帮助的。

↑ 阳台盆栽小白菜

2.1 光合作用

　　光合作用是绿色植物利用光能将其所吸收的二氧化碳和水同化为有机物，并释放出氧气的过程。光合作用是保证蔬菜作物产量的基础。大气中的二氧化碳及蔬菜根系生长环境中的水分，是光合作用的原材料。而不同蔬菜类型对光的强度要求差异比较大，绝大多数蔬菜都是喜光的，只有很少一部分在弱光条件下能正常生长。

↑ 盆栽番木瓜（3月20日种植，管理得当当年就能丰产）

2.2 呼吸作用

　　植物在正常生长的情况下，其体内的活细胞利用氧将有机物分解成二氧化碳和水，并且释放出能量，供植物生长活动需要，这过程就是呼吸作用。影响呼吸作用的因素主要是温度、水分、氧气和二氧化碳。在我们种植蔬菜时，往往容易忽略根系的呼吸需要氧气，如土壤的板结或水分太多，造成根系缺氧而导致蔬菜难以正常生长。

2.3 蔬菜生长的必需元素

蔬菜和大多数植物一样，其正常生长发育需要必不可少的营养元素。就目前已知的有：碳（C）、氢（H）、氧（O）、氮（N）、磷（P）、钾（K）、钙（Ca）、镁（Mg）、硫（S）、铁（Fe）、锰（Mn）、锌（Zn）、铜（Cu）、钼（Mo）、硼（B）、氯（Cl）和镍（Ni）。除以上 17 种元素外，也发现碘（I）、钒（V）、钴（Co）、硅（Si）、钠（Na）、硒（Se）等元素中的某一种或几种，对某些特定植物生长有利。大气中的二氧化碳和蔬菜根系周围的水提供了碳、氢、氧，其他 14 种必需元素，除有根瘤菌的植物或一些特殊天气，使植物可以利用空气中的氮气外，都需要我们以施肥方式提供给植物。根据植物需要量的不同，分为大量元素和微量元素。这 17 种元素中前面的 9 种，即碳、氢、氧、氮、磷、钾、钙、镁、硫是大量元素，后面的 8 种，即铁、锰、锌、铜、钼、硼、氯、镍是微量元素。

2.4 根系生长环境的 pH

植物根系生长吸收营养需要有一个适宜的酸碱度环境，一般用 pH 来表示，大多数蔬菜植物根系生长要求 pH 为 5.5~7.2，超过 7.5 或低于 5 就生长不好。水培蔬菜营养液适宜 pH 为 5.5~6.5。测量 pH 有专门的试纸。

2.5 根系生长环境的 EC 值

蔬菜植物正常生长都要进行施肥，从而形成根系生长环境可溶性盐的浓度，一般用 EC 值来表示。一次施肥太多，很容易提高 EC 值，从而变成反渗透压，将根系中的水分置换出来，使根尖变褐甚至坏死，导致蔬菜植物枯死。大多数蔬菜，如在水培情况下，根系生长的水培液 EC 值为 0.5~3.0ms/cm，最高不超过4.0ms/cm；在土壤栽培情况下，土壤 EC 值为 1.0~3.0ms/cm 最适宜根系生长。

➡ 正常情况下盆栽茄子根系生长情况

3/蔬菜生长的
要素

↑水肥一体化管理下盆栽茄子结果状况

蔬菜和大多数植物一样，正常生长都需要光、温、水、气、肥五大要素。

在城市楼宇栽培蔬菜，不论是天台、花园或阳台，每一缕阳光都很珍贵，尤其是在阳台。所以，要根据我们栽培蔬菜区域获得阳光的多寡选好蔬菜类型。如阳光充足，选择的类型就多；如阳光不足，就要选择一些寡日照下能正常生长的蔬菜类型，或者弱光照下能正常生长的蔬菜类型。

一个地方的气候条件，往往决定四季适宜栽培的蔬菜类型和品种。如果要突破条件的限制，就要增加调温设备。

水分是所有生命生长必需的条件。蔬菜从种子萌芽、生长、开花到结实，整个过程都离不开水分。人们种菜经常会问多少天淋一次水？其实，不同天气、不同蔬菜、不同生长阶段，对水分多少的要求也不同。始终要遵循一个原则，就是要保持蔬菜有生机，但栽培的土壤不能过湿，根系长期处于饱和水状态会影响蔬菜根系正常呼吸作用。如用一个字说，就是"润"，即保持土壤润，可能有些蔬菜喜欢湿润，有些蔬菜干、润交替亦可。

↑ 室内 LED 光源的水培蔬菜

↑ 水肥一体化管理下第二年生长的盆栽茄子

大气中的二氧化碳和氧气是蔬菜光合作用和呼吸作用所需要的，这个大家都好理解，但往往忽略了土壤中根系呼吸作用需要的氧气。土壤板结、水分长期饱和或者水培条件下水不流动，都会使蔬菜根系呼吸困难而导致生长差甚至死亡。

　　大多数蔬菜正常生长需要 17 种营养元素，除了碳、氢、氧外，都需要我们通过施肥方式提供。肥料不足或元素提供不平衡，蔬菜都会生长不好，过量施肥

↑ 楼宇天台水肥一体化栽培的菜园

又会使土壤或培养液 EC 值太高而"烧死"蔬菜。施肥所要遵循的一个原则是元素均衡、少量多次。

在蔬菜生长的五大要素中，最好控制的是水、肥，所以栽培蔬菜往往在选好品种后，就是如何做好肥水管理。

4／都市菜园种植方式

　　都市菜园种植的方式主要有：传统土壤种植、基质种植、水培、LED 光源种植等，下面分别进行介绍。

　　①传统的土壤种植。

②由泥炭土、椰糠、珍珠岩、蛭石、炭化谷壳等按一定比例混合而成的基质种植。

③水培，根据种植蔬菜需要的营养元素，按一定的比例配成营养液来种植，也可以在网上购买蔬菜水培营养液来种植。

④ LED 光源种植是在光照不足或没有光照的条件下，加上 LED 光源补光，保证蔬菜生长过程中光合作用所需光照的种植方式。

⑤发芽苗菜，其中一些蔬菜的种子，常用的有萝卜、豌豆、香椿、苜蓿等，通过浸种、催芽，在有光照下生长，幼嫩时就收获。而一些蔬菜种子，主要是豆类、花生等，是在没有光照下生长，主要是吃根部以上、叶以下和子叶部分。

↑ 有光照下发的野豌豆芽苗菜

↑ 无光照下发的大豆芽菜

⑥食用菌的种植，就是在种植食用菌的培养基质上，接上食用菌菌种，在无须太阳直射光的弱光条件下，控制适当的温度、湿度栽培食用菌。

5/蔬菜种苗的
繁殖方式

　　蔬菜种苗繁殖，主要有通过播种种子的有性繁殖和直接用蔬菜的某个器官的无性繁殖。有一些蔬菜则采用有性繁殖加无性繁殖的方式获得种苗。

↓ 通过播种根系发达的品种获得的砧木，再以无性繁殖的方式嫁接上品质优的品种，从而获得好的种苗

↑ 紫背菜以扦插获得种苗

↑ 香花菜以扦插或分株获得种苗

↑ 姜以根茎繁殖获得种苗

↑ 豆角以播种获得种苗

　　大多数蔬菜都是通过播种种子获得种苗，而有些蔬菜则是以分株、扦插、块根、块茎或鳞茎获得种苗，也有些蔬菜既可以播种，也可以通过扦插、分株，或种块根、块茎、鳞茎来获得种苗。

↑ 观音菜以分株获得种苗

都市菜园通常种植的番薯叶、紫背菜、富贵菜、薄荷等以扦插方式繁殖种苗，马铃薯、红头葱、蒜用其块茎或鳞茎等进行种苗繁殖，姜以根状茎繁殖，莲藕以根状茎繁殖，芋头以球茎繁殖。通菜、韭菜等既可播种，也可以扦插（通菜）、分株（韭菜）进行种苗繁殖。还有一些蔬菜，如辣椒、番茄、瓜类

↑ 苋菜以播种获得种苗

等，可以通过播种砧木加嫁接的方式获得更理想的种苗，目的是通过更好地利用砧木品种根系发达的优势，使种苗生长更旺盛，抗性更强。利用特定的品种，作为接穗进行嫁接，这样可培育出抗性强、生长旺、品质优良的蔬菜种苗，现在应用得比较多的是番茄、彩椒、瓜类等，并有专业机构专门从事这方面的工作。在学校的学生也可以进行这方面的实验。

6 / 蔬菜种子
发芽的条件

　　蔬菜种子经休眠后在一定条件下萌动发芽。种子发芽过程包括吸水膨胀、萌动、发芽。种子发芽最基本的条件是水分、温度、空气。另外，光、二氧化碳等因素对种子发芽也有不同程度的影响。

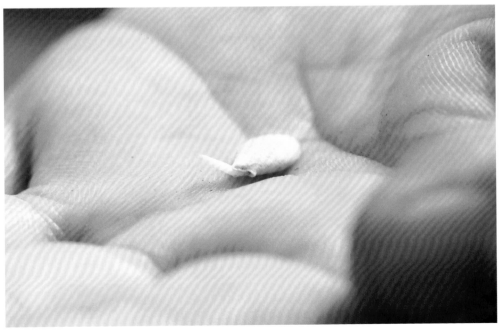

↑ 种子发芽

水分是种子萌发所需的重要条件。种子在一定的温度、水分和气体条件下吸水膨胀。这是一种纯物理性作用，还未进入生理阶段，只有有生活力的种子，依靠胚的生理活动才会进一步吸水。这类种子随着吸水膨胀，酶的活力加强，贮藏的营养物质开始转化和运转，胚部的细胞开始分裂、伸长，胚根首先从发芽孔伸出，这就是种子的萌动，俗称"露白"或"露根"。种子"露根"后，胚根、胚茎、子叶、胚芽的生长加快，当子叶出土并展开以后，发芽阶段完成。种子吸水过程与环境溶液的渗透压及水中气体关系密切。环境渗透压高，则种子吸水慢。所以，在种子发芽前不应该施肥，以免增加环境的渗透压，影响种子的吸水。

　　种子发芽需要一定的温度，不同种类蔬菜种子发芽要求的温度不同。喜温的蔬菜如瓜类、茄果类、部分豆类等，其种子发芽要求较高的温度，发芽的适宜温度一般为25~30℃，最高温度为40℃，最低温度为15℃。耐寒、半耐寒的蔬菜如白菜、甘蓝、菠菜、萝卜等，其种子发芽的适宜温度一般为15~30℃，最高温度为35℃，最低温度为4℃。有些种子要求低温（5~10℃）处理1~2天，然后播种，可促进发芽。

　　在都市菜园播种蔬菜主要要考虑影响种子发
芽的条件。氧气是种子发芽所需极为重要的条件，
在浸种、催芽时透气不良，或播种后覆土过厚，
或地面积水而使氧气不足，种子发芽都会受影响，
甚至会造成烂种。

　　按照种子发芽对光的要求，蔬菜种子分为需光种子、嫌光种子、中光种子。需光种子发芽需要一定光照，在黑暗条件下不能发芽或发芽不良，如莴苣、紫苏、芹菜、胡萝卜等种子。嫌光种子要求在黑暗条件下发芽，有光时发芽不良，如苋菜、葱、韭及其他一些百合科蔬菜种子。中光种子发芽时对光的反应不敏感，在有光和黑暗条件下均能正常发芽，如豆类等蔬菜种子。

7／都市菜园栽培的
土壤

　　无论是在大田种菜，抑或在楼宇上种菜，都要为种植的蔬菜提供除光照外的"吃、喝、住、立"的必需生活条件。在都市菜园种植中，主要有传统的土壤栽培种植、栽培基质种植、水培种植、LED 光源种植及发芽苗菜等方式，其中，以土壤栽培或基质栽培最多。本小节所说的土壤，就是指提供蔬菜生长生活的"吃、喝、住、立"的条件，具体是指传统的土壤和栽培基质。大多数蔬菜适宜在中性或弱酸性的地方"吃、喝、住、立"，并且盐分的浓度不能高，否则，即

使水分充足，仍会出现"生理干旱"现象。传统的土壤栽培，能较好地提供蔬菜生长所需的微量元素，通常大多数蔬菜在栽培中追加大量元素即可以正常生长。但是，其质量较大，容易造成楼宇负荷过重，以及土壤会带来病虫原为害，并且换土或消毒又较困难。栽培基质种植的好处是：基质一般都轻，容易搬运，并且合格的基质都做过消毒处理，带来的病虫原较少，同时，种植后的消毒也较容易处理。但基质除了不含大量元素外，还缺少微量元素，因此种植大多数的蔬菜除要施用大量元素外，还要注意补充微量元素。

← 基质栽培的樱桃番茄，在光照充足条件下只要提供良好的"吃、喝、住、立"必需条件，可以获得好的产量和质量

8/都市菜园的施肥

↑ 水肥一体化管理种植的叶菜

↑ 水肥一体化管理种植的茄子

蔬菜和我们人类一样，每天都要吸收营养。一般而言，蔬菜所需的必需元素中除碳、氢、氧通过大气和水提供外，其他都需要我们通过施肥的方法提供。蔬菜对肥料的吸收以根系吸收为主。叶片也可以吸收，就是我们经常说的根外追肥。根外追肥，一般是在根系受伤或一些微量元素需快速补充时进行。蔬菜根系主要通过蒸腾作用吸收养分。肥料要溶于水，施用效果才好。所以，我们施肥应在光照充足、蔬菜蒸腾作用旺盛的时候进行。同时，遵照两个原则：一是少量多次，二是元素均衡搭配。在生长枝叶的营养生长期，氮元素可以多一些，在开花结实或长地下根茎时，磷钾肥要适当增加。同时，要注意施用微量元素，有些作物如番木瓜在花蕾期、小瓜期要施用硼肥 2~3 次，每次每株 2~3 克，以保证瓜的正常生长。

蔬菜施肥，以矿质肥料（如复合肥、尿素、氯化钾、磷酸二氢钾等）加有机肥料（花生麸、人粪尿、鸡屎和发酵好的其他有机肥等）结合施用，既能使其生长快速又能保证蔬菜品质。一般是蔬菜生长前期施用矿质肥料，有机肥则可作基肥或提高蔬菜品质期施用。既要保证蔬菜品质，又要使蔬菜生长快，则要求通过有机肥提供的氮素与无机肥提供的氮素之比大于 1：1。

↑ 楼宇天台菜园，水肥一体化管理下，生机勃勃

9／都市菜园种植常用工具

↑ 放上隔板

↑ 放上阻根布

↑ 盆底没有孔的

↑ 出水孔在盆的侧面，盆可装 1~1.5 厘米深的水　↑ 种植马铃薯的专用盆

　　都市菜园种植常用工具中最基本的是种植盆。种植盆要避免淋水后水经出水孔直接流到楼面而影响环境卫生，也不能用接水盆接水而使其成为蚊虫滋生地。最好选用出水孔在外侧，盆底内部可承接 1~1.5 厘米深的水，这样盆底下可贮存一些水，不让其直接流到楼面，另外这些贮存水也可以保证 1~2 天没浇水，蔬菜也能生长。有些盆在设计时，考虑便于学生学习用，设有一内盆，可以拿出内盆观察蔬菜地下部分的生长情况。

↑ 拼装的种植槽，并安装上水肥一体化的设施

立体种植盆

除了种植盆外，小锄头、小耙、花洒桶、小喷雾、剪子、小菜篮也是需要的工具。

如果种植面积有一定规模，靠人力淋水施肥效率就低了，建议安装水肥一体化的设施，尤其是学校，使学生能更好地了解现代农业高效率的水肥控制。如有条件，也可以增加物联网智能控制系统，就是通过这个物联网收集种植蔬菜环境的光照、气温、水分、营养状况后，发出指令进行施肥淋水及完成相关控制。

↑ 在房子周围，用木板钉装的种植槽

↑ 各种种植箱与种植架

10 / 都市菜园建造
注意事项

↑城市楼宇天台菜园

　　在城市楼宇上搞菜园，主要是注意安全问题。首先是要考虑楼宇的负载能力，尤其是采用传统土壤，利用外伸出的阳台、飘台建菜园，更要注意这个问题。所以，在楼上种蔬菜，还是建议用较轻质的栽培基质。第二是要注意摆放在阳台边缘的盆栽菜，避免台风时吹出外围，掉落伤到路人。第三是注意种植的蔬菜落下的枝叶堵塞下水道，下雨时造成雨水进房间，浸坏家具和电器等。第四是要注意避免盆栽蔬菜成为蚊虫滋生的地方。

　　其实，要注意的问题远不止这些，不同的场地条件都有特定的情况，比如与邻里之间共享相处，与楼宇物业的关系等。总之，我们在享受耕种的乐趣时安全是第一的。

← 阳台盆栽蔬菜，为了减少阳台负荷，
　最好用轻质的栽培基质种植

都市菜园设计与建造

把农田搬回家
两米阳台　栽种未来

↑采收

↑ 收番薯

在城市楼宇中建造都市菜园，最主要的就是在特定的环境条件下，明确建造菜园的目的，围绕目的来进行构思设计。很多人或许刚栽种蔬菜时没有明确的目的，只是有种菜的好奇，其实这便是一个目的。这个时候，可能对于选用什么栽种盆器，种什么类型的蔬菜，都模糊不清，但慢慢地目的就清晰了。所以，建议这些朋友，在心存好奇时多看看别人是怎样做的，与有建设都市菜园体会的朋友多交流，学习别人的经验，然后再动手做菜园，就可少走弯路。

1／预设好都市菜园的
主要用途

　　都市菜园不外乎有以下几种用途：一是学校为提高学生综合素质而建设；二是通过建造菜园，促进邻里交流、社区融合；三是栽培的蔬菜生机勃勃，生长、开花、结实又或再配上一些花，打造了优美景观；四是在喧嚣的事务下，仿古人陶渊明躬耕田园之乐；五是为食之人为追求好食材而耕种菜园。不同的目的，我们设计时要有所侧重，要在现有条件下去做好构思规划。

↑ 冬天自己种的叶菜特别甜

↑ 栅栏装饰下的菜园

↑ 学生学习的菜园

↑ 熟透的樱桃番茄就是甜

↑ 老房子旁躬耕田园

↑ 邻里共同采摘蔬菜，促进交流与融合

2／不同场地环境下的 都市菜园

对都市菜园影响最大的是光照，获得光照的多寡对种植的安排起决定性作用。以获得光照的多寡把都市菜园的场地分为6类（表1）：别墅的花园地，天台或飘台，阳光充足、有直射光5小时以上的阳台，直射阳光小于5小时的阳台，基本没有直射光的阳台，以及没有直射光的室内。

↑ 阳光充足的阳台可以种大多数的蔬菜

↑ 阳台的角落阳光不足，种香花菜和辣椒

↑ 阳光不足的北面阳台可以种一些薄荷、珍珠菜或发豆芽

→ 别墅的花园阳光充足，可以
　种的蔬菜种类丰富

↑ 没有直射光的阳台也可以发豆芽

表 1　不同场地环境适宜种植的蔬菜种类

序号	环境类型	适宜种植的蔬菜种类
1	别墅的花园地	基本上可以种与大田生产一样的蔬菜
2	天台或飘台	基本上可以种与大田生产一样的蔬菜
3	阳光充足、有直射光 5 小时以上的阳台	可种植大多数的叶菜以及部分的瓜类、豆类、茄果类等蔬菜
4	直射阳光小于 5 小时的阳台	可种植需光量少的蔬菜，如辣椒、大部分芳香类的蔬菜以及一部分叶菜
5	基本没有直射光的阳台	可以种一些需光少的芳香类蔬菜、芽苗菜等
6	没有直射光的室内	没有直射光的室内，可以增加 LED 光源种植蔬菜，或者种食用菌、发芽菜等

3／建造孩子教育的 体验菜园

　　小小菜园，能帮助城市的孩子更容易理解中国传统文化中的二十四节气。动手耕耘，方知盘中餐来之不易。一粒种子的萌发生长启发孩子生存发展的道理。每一次能量转换方式的实现都在推动人类社会的进步，而光合作用对人类社会发展进步所做的贡献，

↑ 要使瓜长大，用好阳台每一缕阳光

迄今为止没有任何一种能量转换方式将其超越，而我们人类正是利用光合作用，从传统农业走向现代农业。把每天都在生长变化的蔬菜，通过观察，用文字、图片记录下来；采摘蔬菜经营小小超市，烹调蔬菜，更能使孩子们懂得生活的乐趣、生活的艺术、生活的美好，以及懂得社会经济的运行规律。

↑ 小孩对瓜果很好奇

↑ 与学校老师、学生讨论菜园栽培及病虫害防治技术

↑ 小小白菜花，也可拍出很美的图

让孩子观察思考的内容：

● 种子萌发是先出根还是先出叶？为什么？对我们的启发是什么？

● 一年四季我们的菜园适合播种的蔬菜品种与市场售卖的蔬菜有什么不同？

● 瓜与豆的藤蔓攀爬的方向是怎样的？能找到规律吗？

● 如何用最少的盆栽拼板，设计操作方便且面积最大的种植区域？

● 栽培土壤、基质或营养液的 EC 值、pH 应是多少才适合蔬菜的生长？

● 不同的光照条件下蔬菜的生长情况有什么不同？我们应如何选择种植的蔬菜种类？

● 蔬菜生长速度和品质保证主要受哪些因素影响？我们可以最有效控制的是哪些因素？应该如何控制？

↑ 在北半球藤蔓大多是右旋的

↑ 早上开花的无棱丝瓜

↑ 首先萌发出来的是根还是叶？

●同样是丝瓜，有棱丝瓜和无棱丝瓜花期各是什么时候？它们不同的开花期我们如何实现两者杂交？

●种植的蔬菜最佳采收期是什么时候？采收期的不同对品质的影响如何？

●蔬菜讲究新鲜，人们都说蔬菜越新鲜越好，有例外的吗？为什么？

●传统中国文化中，我们可以找出多少描写蔬菜的文字？

●如何就平淡的蔬菜拍摄出有艺术感、生活美的照片？

●为什么厨师经常用滚刀切方式切萝卜、丝瓜等蔬菜？各部位表面积不同、厚度不同对其风味影响如何？

●小小菜园的产品包装设计应突显哪些元素才能使我们的产品有竞争力？

●菜园生产、采收、加工如何实现良性运作？

以上等等，还远不止这些，已经有学校在编写课程。要使学生通过耕种菜园学习多方面知识，造园时尽可能考虑多种种植方法，种植蔬菜类型要广，种植布局除平面外，也可考虑立体分布。另外要留有学生讨论、老师讲解的空间。最好配套有小工具房，如学习烹调的炉具、餐具和碗、碟等，有条件还可设有小超市、售卖菜园产品。

← 昼夜温差大的情况下，植物叶缘
晨光下的"吐水"现象也很美

4 / 建造社区交流融合的菜园

↑ 群楼顶邻里共同耕种的菜园

随着社会的发展与城市化不断推进，人们入住城市楼宇，获得很多公共设施的便利，但人们往往回家便关上门各自看电视、忙家务，缺少大家生活上共同关心的话题，也没有很好的交流平台。

↑ 老广大都把辣椒作为调味品，一盆辣椒，可成为惠及邻居的调味料

在社区的公共空地、楼宇的天台、各家的阳台都可以建造菜园。在楼宇的天台、阳台建造菜园建议选用优质的栽培基质，减少楼宇的负载，对阳光不是很充足的阳台在选择品种时注意选用需光量少一点的蔬菜或引蔓到有阳光的空间。蔬菜是我们日常生活必需的，人们很容易就蔬菜的相关内容产生共同的话题。从种子、种苗的交换开始，因为我们购买或跟朋友要回的种子、种苗往往自己的菜园种不完，邻里间很自然就会互相交换。在种植过程中，浸种、催芽、播种，光照的利用，盆、盆土的选择，引蔓、校蔓、肥水管理、病虫害防治的高招等都会成为讨论和交流的热点。更多是产品收获后的交换，很多时候自己种的一棚瓜、一架豆吃不完，或者自家蒸鱼少了一条葱，又或者蒸鱼头少了辣椒，而邻居刚好种有，就成了必然的交换交流。又有时，对自己付出的劳动所出的产品尤其珍惜，如何烹调方成美味，会有一场大的讨论，或感觉已做出经典菜式要邀君共享，如此等等，都市菜园很容易成为社区交流融合的平台。

↑ 盆栽的葱，往往邻里间做菜时都需要

5 / 建造亦花亦菜
景观优美的菜园

↑ 多彩苋菜园

爱美之心人皆有之。无论在我们的阳台、天台、花园都希望营造美的景观，并且又想吃上自己种的新鲜蔬菜，这可要花一些心思了。

↑ 果菜瓜豆的园圃

↑ 不同颜色的羽衣甘蓝可以做出很出彩的图案

在特定的种植条件下，对于已选择好种植的模式，如何建造亦花亦菜的景观，主要从选择种植的植物类型考虑。

一是花、果、菜几种植物做好搭配，如一棚葡萄或一棚百香果，棚下可以种昙花、兰花、多肉植物、珍珠菜、薄荷、姜。又或者半架豆或瓜，一盆无花果、一株柠檬、一株番木瓜、二盆海棠，阴凉处几盆兰花，开阳处一畦菜地。

　　二是花与菜的搭配。花卉有不少是耐阴的，病虫一般比蔬菜少，可以根据自己的爱好选择花卉的种类，并且可根据阳光获得的多寡选好自己喜欢吃的蔬菜，错落分布。

　　三是全用蔬菜来搭配出色彩。冬季以各种颜色的生菜、甘蓝、莙荙菜等，可造出不同的图案。夏天苋菜五颜六色，非常出彩，也可以造出不同图案。还有不少可食用的花，如鸡肉花、昙花、火龙果花、玫瑰花和菊花，都是很好的造园材料。

　　这里只能是举一些例子，要做好亦花亦菜的园子，就要多了解植物的知识，知道各种植物的喜光性，能否食用、配搭是否协调，等等。

↑ 光照不足的菜园，要赏花吃菜，可以将兰草替换为韭菜

6／建造远离喧嚣的 菜园

"结庐在人境，而无车马喧。问君何能尔，心远地自偏……"在今天烦嚣的都市里，找工作可能容易了，但是工作压力却大了，精神需要找到寄托，不少成功人士都希望有一块田地耕种，忘情于耕种中，释放压力，享受"种豆南山下……晨兴理荒秽……但使愿无违……"的意境。

↑一架豆、一本书、一壶茶

在大城市有一块耕种的土地是不容易的，在阳台、天台、花园甚至是厨房内耕耘蔬菜，享受田园之乐倒是可以。就自身种菜的地方获得阳光的多寡选好种植蔬菜的类型。选用的盆器最好是素雅、高档一点的。生长期长的作物与短期快生蔬菜结合。可以选种一些果树，如柠檬，其叶经常用于作配料，老叶焖牛腩、焖鸭，嫩的柠檬叶蒸鱼、剁牛肉，等等。还可种一些嘉宝果、神秘果。果树上挂上一笼翠鸟，树下一椅一桌，一壶茶、一本书。在城市中，工作上的风与云，在自己的汗水浇灌和光合作用下都化作辣椒、番茄、苦瓜等美味的食材。树下可种姜、葱、蒜、辣椒等调味品，受阳的地方再种上瓜豆、番茄及当造的叶菜。

↑ 闹市中楼宇天台菜园

能否远离喧嚣，享受安逸，造园种菜只是基础工作，关键还是靠自身的修养，要做到穷则独善其身，达则兼济天下，需要多年修为。

↑ 每天都打理一下菜园

7 / 建造生产个性化
优质蔬菜的菜园

↑ 用自己的汗水浇灌种出的蔬菜既鲜艳又好吃

耕耘都市菜园每个人都可能有不同的初衷，而追求食材的本真味道必是共同的愿望。在市场大流通中，由于路途远，售卖周转时间长等因素，选择种植的品种是否耐贮运往往是生产上首要考虑的，品质、风味指标未必在首位。番茄就是一个很典型的例子。在大城市、大生产、大流通的今天，风味浓郁、甜酸味足、皮薄、肉厚、汁多的番茄在市场中是不容易买到的。至于幼嫩的茄子、辣味少而香气足的辣椒，在集约化、规模标准化种植生产下，市场也难买到。而风味独特的金不换、薄荷、紫苏、珍珠菜、香艾在今天的大菜场也很少种植，市场自然就没有卖。对于有些保健作用好且容易种植的蔬菜，如一点红、刺芫荽、南瓜花、黄秋葵等，由于采收人工量大或不耐贮放，市场上也难觅踪影。

↑ 碟上和篮里的都是市场很难买到的一点红

　　如果有一个能够获得充足阳光的菜园，选择种植适当的蔬菜品种，或适时采摘园中幼嫩的瓜果，完全可以得到市场有钱也难买到的蔬菜。番茄中的马蹄番茄、金丰一号番茄等品种，由于皮薄、汁多且不耐贮运，在生产上已经很少种植，但其风味会让你找回快要失去的儿时记忆味道。在樱桃番茄大生产上，往往为了采收方便而种一些果穗成熟度一致的品种。风味好、汁多、形状及大小一致、成熟度一致，不一定集于一身，而都市菜园选择上无须考虑成熟度一致和皮厚、好运输的品种，而是主要考虑品质优的品种。

↑皮薄、汁多、优质、不耐贮运的马蹄番茄

黄秋葵深受现代人喜爱，但在市场上很难买到优质的黄秋葵。虽然黄秋葵是很好的食材，但因其代谢快、老化快，采收下来的黄秋葵不到一天就老化了，纤维很多，不好食用，因此生产中很少种植，市场上自然没有卖。而自家的菜园采收后 15 分钟就可以煮熟上餐桌，无论是口感风味还是营养成分的保留都是最好的。

↑春夏的菜园，叶菜新鲜，味道就是不一样

茄子与辣椒则是另一种情况。嫩茄口感佳，嫩辣椒则是让怕辣味而要辣香气的广东人过足辣椒瘾。嫩茄和嫩辣椒采摘产量低并且不耐贮运，因此生产上和市场上很难做到大量生产和供应。

要建造生产个性优质蔬菜的菜园，主要是从品种选择和采收成熟度上入手。

↑ 幼嫩的茄子就是不一样

都市菜园
种植品种
的选择

把农田搬回家
两米阳台　栽种未来

都市菜园种植品种安排得当，已成功了一半。蔬菜品种的安排，在根据我们个人喜好及预期用途的前提下设计好的菜园，接下来要考虑的就是种植方式、种植环境及季节气候了。

← 选择适合季节种植的蔬菜，病虫为害也少很多

1／根据菜园种植方式做好品种选择

　　前面介绍了都市菜园种植方式主要有：土壤栽培、基质栽培、水培、LED 光源种植，以及发芽苗菜和食用菌栽培等。

　　如果种植的地方直射光充足，土壤栽培或基质栽培可以选择种植的蔬菜种类就丰富很多，基本上适合当地大田生产种植的都可以在都市菜园中种植。

↑楼宇天台土壤栽培的南瓜

↑ 水培种植春菊

水培或 LED 光源种植，理论上都可以种植与土壤栽培、基质栽培一样的蔬菜类型，但建议充分发挥水培菜有效控制土传有害微生物的优势，种植适合生食的蔬菜类型，如生菜类、香料类等。

↑ LED 光源种植的生菜

↑ 基质栽培的瓜菜

家庭发芽苗菜分见光和遮光黑暗条件下发的芽苗菜。见光条件下常见的芽苗菜有豌豆苗、萝卜苗、香椿苗、苜蓿苗、荞麦苗、向日葵苗等。遮光黑暗条件下常见的芽苗菜有绿豆芽、大豆芽、花生芽、蚕豆芽等。

↑有散射光的阳台，发的野豌豆芽苗菜

食用菌在家庭种植的一般是鲍鱼菇、平菇、草菇。

↑ 发黑豆芽

↑ 没有阳光的地方，种植的食用菌

2/ 根据菜园的环境 做好品种选择

　　都市菜园环境影响最大的莫过于光照获得的多寡。有人可能会说，我们可以用 LED 来调节光源，这当然是可以的，但实际上成本就是一大问题。这里我们把广州常种的蔬菜按照其对光的要求，分为喜光、半喜光、耐阴、不需要光，并列入表2，供大家在选择蔬菜类型时参考。

↑ 在阳光获得较少的阳台角落，辣椒也可以开花结椒

↑ 有那么一缕直射光，香花菜也生长得很好

表2　都市菜园主要蔬菜类型对光的需求

对光需求	蔬菜类型
喜光	菜心、白菜、大白菜、芥蓝、椰菜花、青花菜、西兰薹、椰菜、抱子甘蓝、丝瓜、苦瓜、节瓜、冬瓜、蒲瓜、南瓜、豆角、四季豆、茄子、番茄、萝卜、沙葛、黄秋葵
半喜光	通菜、沙姜、苦荬菜、菠菜、苋菜、木耳菜、枸杞、芝麻菜、冬寒菜、益母草、藤三七、一点红、马齿苋、黄瓜、辣椒、胡萝卜、芋头、姜、葱、蒜、韭菜、罗勒、香茅、薄荷、香花菜、芫荽
耐阴	菊花脑、珍珠菜、人参菜、鱼腥草、刺芫荽、观音菜、艾叶
不需要光	食用菌、豆芽

注：大多数的蔬菜都是喜光的，这里所谓半喜光是指这些蔬菜在全天有5小时左右直射光下也可以生长良好。耐阴的蔬菜是在没有直射光下也可以生长并有收获，这些蔬菜如每天有几小时直射光会更好。

↑ 光照充足下，番茄产量高、品质优

3/根据季节气候
做好品种选择

　　大多数蔬菜都有较强的季节性，不同的季节气温是影响我们选择品种的一个关键因素。我们把常见的蔬菜类型及其适合生长的季节列了出来，详细说明请见第88~107页内容。

↑ 适合冬天低温种植的油荬菜

↑ 适合春夏季高温种植的苦荬菜和苋菜

4/ 根据菜园的用途 做好品种选择

　　人们往往根据不同的目的设计打造都市菜园，按照自己的喜好选择种植蔬菜品种，但在选择种植品种时要考虑自身种植场地获得阳光的多寡以及不同季节气候特别是气温对蔬菜生长的影响。就是我们的喜好要遵守一年四季不同气候的自然规律，服从种植场地获得阳光多寡的客观条件，要不然就要加大投入增加光源和建造温室来调节温度。

　　具体如何选择栽培品种，在设计与建造不同用途的菜园中已作了介绍，这里就不再讨论。

↑ 适合春夏季阳光充足种植的苋菜、四季豆等

↑ 春夏季种植的木耳菜、辣椒、玉米等

都市菜园
常见栽培
蔬菜类型

把农田搬回家
两米阳台　栽种未来

广州年平均气温 21.7~23℃；最热为 7—8 月，平均气温 28.2~29℃，极端最高气温为 39℃；最冷为 1 月（个别年份为 2 月），平均气温为 12.7~14.3℃，极端最低气温为 -2.9℃；每年 1—7 月平均气温逐渐上升，11 月下旬至翌年 2 月中旬可能出现霜冻，但市区有霜冻年份较少。

某个地方种植蔬菜，在诸多自然因素中，气温影响是最大的。广州地处南亚热带，冬季城市内没有霜冻，即使个别年份有霜冻，稍微遮挡，就不会对蔬菜造成太大的影响。所以，在广州的都市菜园，9 月至翌年 6 月是蔬菜种植生长最好的季节。每年的 6 月中下旬至 9 月，高温多雨，很多蔬菜都生长不好，甚至不能生长。另外，按照季节选好种植蔬菜的类型和品种，整个管理尤其蔬菜病虫害防治工作就容易做了。尽管广州回春比较早，但为了与中国传统一致，有关季节与月份的对应仍按中国传统习惯来进行安排。我们首先介绍广州全年的气温和降水量情况，然后介绍一年中不同气候条件下都市菜园适合栽培的主要蔬菜类型，与广州气候相似可以直接使用，而气候条件不同的，可以结合相应的气候条件灵活选择。

广州年平均降水量为 1 680.2~1 993.8 毫米，每年自 1 月起雨量逐增，4 月激增，5—6 月雨量最多，4—9 月是广州的汛期，7—9 月多有热带气旋雨，10 月至翌年 3 月则是少雨季节（表3）。

1 / 广州全年的气温与降水量

↑ 秋季都市菜园的部分收获

表3　广州地区气候因素统计

项目		月份												年
		1	2	3	4	5	6	7	8	9	10	11	12	
气温 / ℃	平均值	13.6	15.6	18.3	22.6	25.9	27.8	28.8	28.6	27.3	24.6	20.1	15.3	22.4
	极端最高温	28.6	30.3	33.1	34.3	35.8	38.9	39.3	38.5	38	36.7	34.1	29.7	39.3
	极端最低温	-2.9	0.0	1.9	8.3	13.8	18.1	22.1	21.7	15.7	8.4	1.5	-1.6	-2.9
降水量 / 毫米		37.8	51.1	89.0	204.6	289.6	371.1	238.9	259.6	171.3	61.0	36.8	40.4	1 853.3
辐射值 /（焦·米$^{-2}$）		270	233	257	292	386	383	466	444	425	425	347	312	4 240
日照	时数 / 小时	113	80	72	74	115	128	184	173	170	186	170	157	1 623
	百分率 /%	33	25	19	19	28	32	45	44	47	52	52	48	37

↑ 春季都市菜园生长情况

↑ 春夏季的盆栽通菜

↑ 冬天分批种的马铃薯，春天都可以收获了

2/ 适合春季栽培的 蔬菜

每年3—5月为春季。

广州往往2月就要播种瓜豆等适合春夏季种植的蔬菜了，同样，茄子、辣椒、番茄等如在春夏季种植，也是在2月或春节前后播种，2月底至3月初定植。广州春夏季除适合种以上蔬菜类型外，通菜、木耳菜、苋菜、苦荬菜等叶菜也是适合播种的，其他一些特菜，如番薯叶、紫背菜、紫苏、罗勒、耐热芫荽、水葱、姜等也可种植（表4）。

↑ 夏季都市菜园的收获

↑春夏季的都市菜园

　　这里我们一定要清楚两个概念，一是播种，二是种植。播种是下种子。蔬菜什么时候下种子非常关键，往往过了播种期，这一年就难种这一种蔬菜了。种植就是定植生长。比如，春夏季适合种植的瓜豆，2月就要播种，过了这个季节，如到4月甚至更迟播种，适合其生长结实的时间就短，甚至是由于播种迟，仲夏的高温多雨会使其很难很好地开花结实而致使没有产品收获。

表4　适合春季栽培的蔬菜

季节	适合播种种植的主要蔬菜类型
春季 （3—5月）	冬瓜、节瓜、丝瓜、南瓜、蒲瓜、苦瓜、青瓜、白瓜、豆角、四季豆、茄子、番茄、辣椒、苋菜、通菜、木耳菜、苦荬菜、沙葛、粉葛、番薯叶、紫背菜、富贵菜、紫苏、罗勒、韭菜、黄秋葵、豆芽、枸杞、玉米

↑ 苦荬菜的一种

↑ 苦荬菜的一种

↑ 南瓜

↑ 樱桃番茄

3 / 适合夏季栽培的 蔬菜

每年6—8月为夏季。

广州这段时间高温，多台风雨，很多蔬菜即使在大田生产都很不理想（表5）。都市菜园在这段时间建议分区做好休耕，土壤或栽培基质利用高温进行消毒。

↑ 初夏的盆栽茄子

↑ 初夏的盆栽辣椒

↑ 春夏季的多种苋菜

表5　适合夏季栽培的蔬菜

季节	适合播种种植的主要蔬菜类型
夏季 （6—8月）	苋菜、苦荬菜、通菜、黄秋葵、枸杞、罗勒、紫苏、豆芽，耐热的苦瓜类型（如油瓜），以及耐热的青瓜品种

4/适合秋季栽培的 蔬菜

↑ 秋季的盆栽玉米

每年9—11月为秋季。

在广州，9月温度还是比较高的，大白菜、萝卜、马铃薯等的播种还不是最理想的月份，一般这些要求较冷凉气温条件的蔬菜需在10—11月安排播种。而一些蔬菜如茄子、辣椒、番茄等在8月中下旬开始播种，9月上中旬开始种植，整个秋冬季都适合其生长、结实。在广州，秋冬季大多数叶菜都是最好的播种种植季节，如菜心、小白菜、大白菜、菠菜、茼蒿、油荬菜、生菜等，还有萝卜、胡萝卜、椰菜、椰菜花、西兰花、西兰薹、芹菜、红头葱、蒜、芫荽等（表6）。但要注意的是，播种时要了解清楚，如某一个类型的具体品种适合较低温播种生长，则要在10月播种，要求高温播种生长的，则要在9月播种，比较典型的有早熟菜心9月播种、迟熟菜心10—11月播种。

↑ 秋冬季的都市菜园

秋冬季的羽衣甘蓝

↑ 秋冬季的都市菜园

↑秋冬季阳台盆栽混种的马铃薯与芫荽

表6 适合秋季栽培的蔬菜

季节	适合播种种植的主要蔬菜类型
秋季 （9—11月）	菜心、芥蓝、小白菜、大白菜、甘蓝、椰菜花、西兰花、西兰薹、羽衣甘蓝、荷兰豆、萝卜、胡萝卜、菠菜、茼蒿、生菜、油麦菜、芹菜、芥菜、西洋菜、马铃薯、大蒜、红头葱、芫荽

5／适合冬季栽培的蔬菜

↑ 秋冬季经常可以看到玉米叶缘"吐水"内的"海市蜃楼"

每年 12 月至翌年 2 月为冬季。

在广州，每年 2 月已开始回春，要播种春季种植的蔬菜种子（表 7）。适合冬季生长的大白菜、甘蓝、萝卜、迟熟菜心，以及马铃薯、椰菜花等生长时间较长的蔬菜，这段时间播种就迟了，因为回春升温时它们还不可以采收，而其品质要求冷凉气温条件。那些生长期比较短的蔬菜，如菜心、白菜、茼蒿、油荬菜，可以在这段时间播种，即使 2 月还未收完，3 月也适合其生长。

表 7　适合冬季栽培的蔬菜

季节	适合播种种植的主要蔬菜类型
冬季（12 月至翌年 2 月）	菜心、白菜、茼蒿、菠菜、生菜、油荬菜、樱桃萝卜

为了使都市菜园种植爱好者不误农时，现将在广州全年适合播种的蔬菜主要类型逐月列出，供初学者参考。但需要注意的是，有一些同一种类蔬菜，因其品种不同，适合播种的气温即月份也不同，要仔细阅读种子包装的说明。同时，也要说明一下，在大田生产中，7月下旬也有播种秋植的节瓜、丝瓜、茄子、番茄等，4—6月也有播种耐热的白菜和菜心。在都市菜园中，我们可以根据自身的管理水平和耕种菜园的目的做出选择。

小白菜、菜心、芥菜、油荬菜、生菜、茼蒿、芫荽。

小白菜、菜心、芥菜、油荬菜、生菜、茼蒿、韭菜、冬瓜、辣椒、番茄、茄子、青瓜、苦瓜、丝瓜、南瓜、节瓜、蒲瓜。

3月

青瓜、苦瓜、丝瓜、南瓜、节瓜、蒲瓜、茄子、辣椒、番茄、豆角、四季豆、沙葛、粉葛、水葱、苋菜、通菜、木耳菜、苦荬菜、紫苏、罗勒、富贵菜、番薯叶、枸杞、菊花脑、珍珠菜等，本月还可发豆芽、扦插紫背菜、分株观音菜。

 4 月

　　苋菜、通菜、苦荬菜、耐热芫荽、沙葛、粉葛、耐热蒲瓜、青瓜、罗勒、紫苏、扦插薄荷、紫背菜、富贵菜、番薯叶、枸杞等，发豆芽。

5 月

　　苋菜、通菜、苦荬菜、耐热的蒲瓜、无棱丝瓜，发豆芽。

 6 月

　　苋菜、通菜、苦荬菜、豆芽，扦插番薯叶。

 7月

　　苋菜、通菜、苦荬菜、豆芽，扦插番薯叶。

8月

　　丝瓜、节瓜，8月可以开始种红头葱，南瓜、蒲瓜、番茄、茄子、辣椒、苋菜、通菜、苦荬菜、豆芽，扦插番薯叶。

9月

　　番茄、茄子、辣椒、菜心、芥蓝、大白菜、小白菜、芥菜、西兰花、西兰薹、羽衣甘蓝、蒜、红头葱。

10月

番茄、茄子、辣椒、菜心、芥蓝、大白菜、小白菜、菠菜、芥菜、生菜、茼蒿、油荬菜、椰菜、西兰花、西兰薹、羽衣甘蓝、萝卜、胡萝卜、芹菜、芫荽、蒜、红头葱、马铃薯。

11月

马铃薯、菜心、芥蓝、大白菜、小白菜、菠菜、芥菜、生菜、茼蒿、油荬菜、芫荽。

12月

菜心、芥蓝、小白菜、快菜、菠菜、芥菜、生菜、茼蒿、油荬菜、芫荽。

都市菜园
日常管理

把农田搬回家
两米阳台　栽种未来

↑ 观察盆栽蒲瓜肥水管理情况

　　都市菜园的建设在确定菜园的主要功能后，就是要准备盆器等工具，栽培的土壤或基质等，以及按照季节准备要种植的蔬菜种子。这些都准备好后，就要计划好蔬菜生长周期即从种子播种到收获整个过程的日常管理。

1/浸种、催芽与播种

↑点播菜种

一般播种前都需要对种子浸种催芽，尤其是种皮厚的蔬菜种子，如茄子、辣椒、番茄、冬瓜、节瓜、丝瓜、南瓜、蒲瓜、椰菜、椰菜花、西兰花等，进行"温汤浸种"，就是用约50℃的温水浸种，并用筷子不停地搅拌15~20分钟，温度降下来后浸种半天左右，然后用湿毛巾包裹催芽。不同品种之间或种子的新鲜度等不同，出芽露白时间不是很一致，一般1~2天就出芽"露白"。这些发芽后的种子即可以用于播种。这些种子可以直接播种于种植盆器中。如果种植株数有几十株，建议先用育苗盆育苗，就是把育苗盆准备好后，放上育苗基质。然后，每个种植穴中放入1~2粒出芽"露白"的种子，上面再覆盖0.3~0.5厘米厚的育苗基质，再在上面加一块遮阳网避免水冲走种子。然后用花洒淋足水，让种子与育苗基质很好地接触，并使种子的根一出来就可吸收基质的水分。苗期时间与蔬菜类型和育苗温度关系较大，茄果类的辣椒、茄子、番茄等一般都要约3周时间，瓜类育苗时间一般在2周左右。

↑ 刚出土的葱苗

有些容易发芽的种子，如菜心、白菜、苋菜、菠菜、茼蒿、豆角等可以直接播种，体积小的种子如上述叶菜种子播种后最好放上一块遮阳网，然后再淋水，以免因种子太小，淋水时把菜种冲到一堆，发芽长苗不均匀。而播豆角这类种子，播种后要覆盖0.5~0.8厘米厚的培养土。播种叶菜类的种子可以撒播、条播，也可以点播。撒播可以前期收一些小菜苗食用，条播或点播前期菜苗比较疏，但后期菜苗较旺。具体播种方法因个人爱好及用途不同而定。

↑ 刚发芽出土的芫荽

↑ 撒播的苋菜

2／间苗与移栽

我们播种在育苗盆中的 1~2 粒"露白"发芽的种子，可能由于某些原因最后不是每个种植穴都能长出苗，或者两粒种子都长出苗，这样就要间出一株苗，移到另外没有长出苗的种植穴或其他地方。一般长出一对真叶时就可以间苗移栽了。间苗时如果间出的苗还要移栽，就需注意尽量避免伤根太多，以免影响后期生长或成活率。间苗、移栽后马上淋定根水。另一种情况是撒播、条播时，播种不是很均匀，也要在长出 1~2 对真叶时间去太密的苗。如有空地可以种的，也可以把这些间出的菜苗种到其他地方。撒播时往往在菜苗长到半个月时就可以间出一部分菜苗，这时的菜苗特别嫩滑，别有一番风味。还有一种情况是，在撒播、条播后，菜苗长到半个月后间出的苗除了可以吃外，还可以移栽到空余的盆土中，尤其是一些可以吃菜叶的蔬菜如大芥菜、苦荬菜，或可以多次采收的春菊、苋菜等，都可以先收一些苗菜，另一些移种到更阔的地方，可以采收几个月时间。

↑萝卜一般采用直播，多余的苗间出来后不适合移栽，不然长出的萝卜弯弯曲曲

↑ 育苗盆育苗

移栽时无论是用育苗盆育的苗或撒播移出的苗，一是尽量不要弄散育苗盆的培养土，或对撒播移出的苗尽量少伤根；二是移栽后有条件的要遮光，或在下午 4 点后进行移栽，让菜苗在晚上恢复并吸收水分；三是移栽后一定要淋足定根水；四是移栽后前 3 天不要施肥，待菜苗有新叶长出后再施肥。

↑ 撒播育苗

↑ 育苗盆育苗

↑ 撒播长大后的苋菜，可以收一部分来吃，一部分移栽

3／间种、套种、混种

↑ 由多个种植箱混种多种蔬菜

过往农民种菜为了充分利用土地空间，或可以连续不断有收获，很多时候都会采取间种、套种、混种的种苗方法。而现在有一定规模的菜场大多用机械化生产，一般都是连片种植单一的蔬菜。

在我们今天城市种菜，一是空间有限，二是人工可以调节安排自己的时间，三是希望菜园经常有菜收获。这样，往昔农民自留菜地的种植方式，正适合今天"都市农夫"学习使用。

↑ 在一个盆内混种多种蔬菜

↑ 春季，凹下的地方种了姜，在姜长出前播种上苋菜种，待姜长出来后，苋菜就可以收获了。这就是苋菜与姜的套种。

　　间种其实就是指在同一种植盆器内根据蔬菜生长需要的空间和光照不同，分行相间种植两种或几种蔬菜。如春季播种瓜豆时，瓜豆主要向上生长，下部可以间种一些矮生的耐阴的香料蔬菜，如薄荷、珍珠菜、菊花脑等。

　　混种也是都市农夫很喜欢的种植方式，就是在同一种植盆器内混合种植两种以上的蔬菜。很多时候广府人种辣椒是作为调味料用的，辣椒旁边也可以种萝卜、生菜、白菜、香芹等。

↑ 苋菜与姜套种（采收苋菜后，姜的生长情况）

　　套种就是在主要种植的蔬菜中利用其前期或后期的空间套种另一些蔬菜。如春季种姜时，姜芽还未出土，我们可以播一些苋菜，20多天就可采收，收完苋菜后，姜也出土了。

↑ 都市菜园肥水管理得法，生长很茂盛

都市种植蔬菜常用的肥料主要有以下几种：

第一种常用肥料是商品液肥，一般分为壮果肥和旺苗肥。在蔬菜种植中旺苗肥用得较多。商家已根据大多数蔬菜的生长要求，多种元素做好配比混合而成，有些好的产品还加入了有机质，这样种出来的蔬菜品质非常好。在施用时注意，蔬菜生长不同时期施用旺苗或壮果肥。一般壮果肥磷钾含量会高一些，旺苗肥含氮会高一些。另外，除了施用这两种肥外，如果蔬菜产量高，或是种以花、果器官作产品的蔬菜，也可注意使用同类商家开发的用于根外追肥的微量元素肥料，以保证在高产或花果器官生长时不会由于缺乏微量元素而影响质量。

↑ 肥水管理得法的辣椒

第二种常用肥料是复合肥，主要是含氮、磷、钾，在网上或农资店都可买到。最好是把复合肥溶解后稀释 500~800 倍后浇淋，如果时间上难以安排，也可以撒施少量干复合肥。但如长期使用单一复合肥，土壤或基质酸性变大，影响蔬菜生长，蔬菜品质不会很好。

↑ 小盆栽种的辣椒，只要肥水管理到位也可以挂满辣椒

第三种常用肥料是缓释肥，是把植物生长需要的主要元素，通过一些工艺和加入填充料做成肥料，使其施放在土壤中缓慢释放。这些肥料可以作为底肥，或管理上受时间限制，不能经常施肥管理时使用，但元素不一定适合蔬菜生长需要，以及难以满足蔬菜需肥量大的要求。

第四种常用肥料是生物有机肥。这些肥料主要是用鸡屎、猪屎做无害化处理后加入生物活性菌，对栽培的基质、土壤都能起到很好的改良作用，对提高蔬菜品质也很好，主要用作基肥。

第五种常用肥料就是家庭成员的尿液，一般尿液最好放一周后使用。人的尿液主要含氮元素及一些微量元素，但需要地方来存放，另外其含磷、钾较少，难以满足根茎类和花果类蔬菜的要求。

第六种常用肥料是在家中发酵的花生麸，这种肥肥效长，肥分全面，但发酵去臭是一大难题。

第七种常用肥料是用一些生物菌与老菜叶按一定比例发酵而成的肥液。这些自制肥料好处是可减少菜园垃圾，并且使用这些肥料栽培对土壤或基质有很好的改良作用。但是要有地方存放发酵桶，而且单是使用这些发酵肥往往会在蔬菜需肥时仍不可用或者肥量不够。

总的来说，蔬菜由于生长快、生长量大，需要的肥量较大，但不同蔬菜需要的各种元素比例也不同。

↑ 天台种植的盆栽蔬菜

①果蔬类蔬菜，需求较高且全面的营养，特别要注意，其中对钾元素需求量较大。

②结球叶菜类蔬菜，氮素营养很重要，但其对钾的吸收量往往大于氮素，同时容易发生钙素缺乏症。

③绿叶菜类蔬菜，生长快，需肥量大，在生长过程要保证氮素供给，但也要注意磷、钾平衡使用。

④根菜类蔬菜，要求疏松、含有机质丰富的栽培环境，生长量大，要注意增加施用钾肥、硼肥。

⑤花菜类蔬菜，要注意前期保证氮素供给，现蕾前要适当增施磷肥，现蕾后要适当增施钾肥，同时要注意施用硼、钼等微量元素。

⑥豆类蔬菜，吸收钾量比较低，而吸磷量偏高。

↑ 肥水管理得法，樱桃番茄可满架

↑ 种姜等根茎类蔬菜要注意多施有机肥和钾肥

5/摘叶、摘心、留蔓、引蔓及授粉

↑ 学生学习节瓜的人工授粉

↑ 与学校老师、学生交流摘叶、留蔓与引蔓

摘叶、摘心、留蔓等主要是种植果菜类或瓜豆蔬菜要做的一项工作。

5.1 摘叶

之所以要摘叶，主要是该叶片已失去制造营养物质的功能，又或者病虫为害严重。比如，茄子下部的叶片，当结了第二托茄果的时候，就可以摘去，一是减少物质消耗，二是增加通风透光，从而减少病虫害并提高光合作用效率。同样，番茄结了两三托果后，下部的叶也要摘除。摘下来的枝叶，一定要清理干净，不能留在菜园中。

5.2 摘心、留蔓

摘心，主要是促进侧枝萌发，形成低矮化的树，如种紫苏、罗勒等。又如我们对瓜类留双蔓，可以在离盆土20厘米左右摘心，促进侧蔓萌发。但现在很多朋友反倒在种植时，种密一点，不摘心，而是注意摘除侧芽，待长到棚顶时才让瓜的侧蔓保留。有些瓜类侧蔓结果很明显，如蒲瓜。如果种蒲瓜太早留侧蔓，结瓜部位太低，就会影响以后的藤蔓生长，难以尽快形成较大面积的瓜蔓，产量就会降低。所以，种蒲瓜就一定要注意摘除前期的侧蔓。同样，其他瓜类也是要注意摘除前期的侧蔓，一条主蔓直上，待到棚顶或可结果的位置才留侧蔓。如果种青瓜，更要注意保留主蔓，青瓜是以主蔓结果为主的，并且结果部位很低，不要以为较低部位萌发的侧芽而把它摘除了，这些侧芽很多可以结小瓜的。

↑ 摘心后的紫苏，萌发大批侧枝，树冠扩大，植株矮化

↑ 种瓜要注意及时引蔓上棚

5.3 引蔓

种瓜、豆、番茄都要注意做好引蔓这一项工作。瓜、豆、番茄等生长初期，其藤蔓生长有时候不能攀上我们固定好的支架，这就需要引蔓。在这里要注意的是，在北半球，我们种植的瓜豆都是以逆时针转的，所以引蔓时以逆时针方向旋转藤蔓。第二是引蔓最好在下午 4 点以后，藤蔓含水较少时做，这样可以避免早上藤蔓含水较多时，人工引蔓容易折断藤蔓。

↑ 都市菜园蒲瓜生长情况

↑ 无棱丝瓜上午开花

↑ 冬瓜花雌雄同株异花

5.4 授粉

　　除了青瓜等可单性结实，以及番木瓜子房可以在没有授粉的情况下发育外，我们种的瓜大多都是雌雄同株异花的。雌花需雄花的花粉经传粉授粉后才可座瓜。在大田生产上，蜂、昆虫、风等都可以进行传粉，而在我们都市菜园中，由于缺少蜂等传粉昆虫而只能靠风传粉，往往会造成雌雄花都开放了，而结瓜少的现象。所以，都市种植瓜类时，要获得高产，还需人工授粉。大多数瓜类都是上午开花传粉，但也有一些瓜，如蒲瓜、有棱丝瓜等是下午、傍晚时才开花传粉。人工授粉其实很简单，就是用当天开花旺盛的雄花的雄蕊，轻轻碰一下当天开放的雌花上的柱头即可。

6/除草、松土与培土

　　有些刚开始建设都市菜园的朋友会认为，种植蔬菜的栽培基质是经高温消毒的，草种也被杀死。没错，但有不少草种会随着风飘落到菜地，更有些是由于菜园生态环境好，小鸟来到菜园，而它们的粪便往往带有另一个地方觅食到的草种，过一段时间这些在鸟粪包裹下的草种就在菜园里茂盛地生长。如果菜园栽培土壤是从大田拿回来的，杂草就更多了。杂草往往生长得比我们种的菜更茂盛，一是与菜争肥水，二是生长太旺争阳光，三是使菜园太郁闭，容易滋生病虫，所以要及时清除杂草。

↑ 管理得法，生长茂盛的盆栽蔬菜

↑ 用泥土种植的天台菜园，要经常松土

菜园种一段时间后，表土容易板结，从而使盆土的透气性下降，导致蔬菜根系呼吸所需的氧气不足，这对蔬菜的生长影响很大。如果用大田土壤，板结更容易发生，如果用疏松的培养土，一般只是表面板结，用把小铲或小锄头轻轻锄一下即可。

← 用大田土壤种植的盆栽蔬菜，
　要注意经常松土

↑ 马铃薯的块根茎往向上浮生，要注意培土

　　培土主要是针对生长周期较长的蔬菜，由于根系露出土面后不利于吸收肥水而进行的。更要注意的是，种姜、土豆时，培土是一关键栽培措施。这些块根茎往往浮上生长，见阳光就出现绿头，影响进一步生长及产品质量。所以，种这类蔬菜要进行两三次培土，就是待其地下的块根茎快要长出土面时，培上 2~3 厘米厚的土壤或栽培基质，这样这类的蔬菜不但生长茂盛、产量高，并且产品质量好。

7 / 收获适期

　　采收是我们管理都市菜园最高兴的环节。合理的采收，不仅能提高蔬菜产量，也可获得品质意想不到的蔬菜。合理采收才能感受到躬耕菜园的价值，才能体会到有些蔬菜有钱也不能在市场买到而可在自己的都市菜园里享用到的乐趣，才能追求到"食不厌精"。

　　可以以在市场上见到的各种蔬菜的大小、颜色作为我们采摘的标准。这里主要是针对菜园朋友普遍的疑问，举几个例子和各位讨论，让大家更容易明白收获是如此精彩。

↑ 都市菜园收获的南瓜

↑ 春夏季的苦荬菜摘叶吃，植株
不断长高，整个夏天都可收获

← 春夏之交的苋菜，特别嫩滑

　　在都市菜园，叶菜往往播种比较密，
收获就从菜苗开始。一般有 6~8 片真叶
时就可以间疏来收摘，剩下的让它继续
长大。此时的菜苗，特别嫩滑，比如春
夏之交的苋菜就很典型。

不同瓜豆类，成熟概念是不一样的。黄瓜、丝瓜、茄子、豆角等，是以幼嫩的果、荚供食用的，在种子膨大硬化之前采收。而西瓜、甜瓜等则在种子硬化生理成熟时才采摘。丝瓜、蒲瓜等连续结果性强的，如果下部的瓜太迟采摘，则会严重影响以后的结瓜，一定要在瓜停止生长时马上采收。如果是茄子，幼嫩时采收，与茄子已停止生长时采收，其品质相差极大。所谓嫩茄子，就是茄果表面还有凹凸感。这样的茄子，不用什么烹调技艺，只是清蒸，就可让你体会到"王熙凤请刘姥姥的茄鲞"美味了。

↑ 嫩蒲瓜好吃，适时采摘可促进植株继续结更多的瓜

141

番茄，往往我们都有这样的体会，怎么市场上的番茄没什么味道呢？主要是由于现在种的品种，在选育时，考虑更多的是要耐贮运，把品质放在次要位置；另一个是种植时营养元素不均衡，有机肥太少；还有就是为了耐贮运，往往番茄刚有红色，就采摘下来了。如果自己在都市菜园种番茄，则可以回忆起童年的美味了。一是选择品种一定要品质优，不用考虑贮运时间，要选皮薄、汁多、甜酸味浓的品种；二是种植时氮、磷、钾、钙、镁等元素均衡，并施用足量有机肥；三是待到番茄全红后采摘下来，放在室内常温（不要放在冰箱内，会有冻害）2~3 天后才享用。这样的番茄，有钱就能买到吗？

↑ 皮薄、多汁、甜酸味浓的番茄品种

8/轮作、休耕与栽培土的消毒

↑ 把栽培土放在薄膜袋中，在阳光下曝晒，可以起到很好的消毒作用

　　蔬菜生长量大，吸收的营养元素多，而不同类型蔬菜都有特别的营养元素要求，长时期种一种蔬菜，某些营养元素特别是微量元素就不足，从而影响蔬菜正常生长。并且长期连续种同一种蔬菜，容易产生病菌积累，尤其是瓜类和茄果类的蔬菜。所以，我们家庭种菜一定要注意，这一期种的菜与下一期种的菜需要轮换类型，以免由于土壤或基质缺乏某些营养元素或某些特定的病菌积累而使我们的蔬菜生长不好或染病死亡。

↑ 盆栽的扁豆

家庭菜园的休耕，其实就是经过近 1 年的种植，用 1 个月时间，停止种任何蔬菜。这个时候最好是结合培养土的消毒，培养土消毒最好的办法是阳光高温消毒。在广州，我们一般选在夏季 7 月底至 8 月底这段时间，一是瓜、豆收完，适合种的菜不多，并且阳光足、温度高。方法是把栽培土锄松，上面盖一块薄膜，在阳光下晒 1 个月左右。或者把栽培土装进薄膜袋中，扎实袋口，在阳光下晒 1 个月左右，这样在使用时加入少许熟石灰拌匀，作为家庭菜园就可以起到很好的休耕消毒作用。

↑休耕

↑栽培土装入薄膜袋后，在阳光下晒，进行消毒

↑ 益母草

↑苋菜

都市菜园动物和病虫为害防治

把农田搬回家
两米阳台　栽种未来

前面已经提到，蔬菜乃可食之草，除了我们人类食用之外，鸟类、鼠类和各种昆虫也食用，同时许多病菌亦将其作为寄主进行侵染。若防治不好，往往是动物或病虫食完后才是我们人类的收获。所以，都市菜园中对动物和病虫为害的防治是十分重要的。

← 教小朋友识别昆虫

1／为害类型诊断

↑我找到小昆虫了

↑ 要经常检查蔬菜有否病虫为害，及时防治

↑ 豆角螟虫

如果我们把都市菜园中对蔬菜造成为害的类型分为动物为害、昆虫为害、病菌为害3类，并能够准确地诊断为害类型，接下来的防治工作就能对症下药了。

153

在我们都市菜园中，雀鸟和老鼠是常见的为害动物。雀鸟大多是白天来取食蔬菜，受到惊扰时便飞走。很多时候，我们一进菜园可见到雀鸟啄食蔬菜的痕迹，或者尽管没有见到雀鸟，但可看见鸟粪。老鼠最喜欢取食优质、熟透的番茄、南瓜等甜香的果菜类，它们往往是晚上没人时出没，为害伤口也较大，有时还会留下几粒老鼠屎。

↑ 菜青虫成虫

↑ 斜纹夜蛾幼虫为害

↑ 菜青虫幼虫为害

　　昆虫除了螨类、蓟马的为害症状肉眼不易辨识以外，还有些昆虫晚上出来为害，天亮又躲起来，或者是全天都在土壤中为害根部，这样一般看不见它们。但螨类、蓟马为害会造成叶片变形，晚上出没的昆虫为害会留下一串串虫粪，而地上部生长良好的菜苗，突然折断倒下，大多是地下害虫为害造成的。

↑ 介壳虫为害

↑ 红蜘蛛为害

↑ 黄守瓜为害

↑ 斜纹夜蛾为害状

↑ 螨类为害

↑ 蚜虫为害

　　蔬菜的病害包括两类：一类是能看见病菌在叶片或瓜果上的，另一类是看不见病菌的。看不见病菌的，大多是菜苗在我们正常管理下出现萎蔫现象，或瓜果在没有昆虫为害情况下出现腐烂现象，这些情况往往是病菌造成的为害。

↑ 蚜虫为害

↑ 螨类为害

↑ 跳甲为害

↑ 蓟马为害

↑ 白粉病为害状

2／动物为害的防治

↑ 防止雀鸟为害的防鸟网

在城市楼宇中种菜，常见的动物为害主要有老鼠和雀鸟。

老鼠的防治可以用捕鼠笼、粘鼠胶或者拉电鼠网。但拉电鼠网要注意猫、狗等其他动物，以免误伤了它们。还可以养猫治鼠。如果种植菜园面积较大、鼠害又较严重，建议最好是养猫治鼠。

菜园有雀鸟为害，很多时候是菜园周边生态环境太好，雀鸟多而造成的。雀鸟防治效果最好的就是拉防鸟网。即用如渔网状的网盖在菜园上方，防止雀鸟飞入啄食蔬菜。但这里要注意，拉的网不要是只有一两条渔丝织成的不大不小的网，这样很容易把雀鸟粘住，从而伤害了雀鸟。

3／都市菜园常见病虫害及防治

　　理论上，大田蔬菜生产发生的病虫害，在城市楼宇中种植的蔬菜同样会发生。大田生产的蔬菜常见病虫害防治是厚厚的一本专业书，我们耕耘都市菜园可以拿它做参考，但是有几种病虫害在都市菜园中是很常见的，要搞好都市菜园就一定要对这些病虫害有充分认识，并知道如何治理。

↑ 瓜架上黄色纸是粘虫板

↑ 生长健康的四季豆

↑ 瓜很小时，就用薄膜袋套上防治实
蝇类为害

3.1　主要害虫

蚜虫、螨类、蓟马、实蝇类害虫、粉
虱、跳甲、豆荚螟、菜青虫、小菜蛾、斜
纹夜蛾、黄守瓜等。

3.2　主要病害

白粉病、霜霉病等。

有些昆虫很小，肉眼一般不容易看到，但可以根据为害症状
来判断，如螨类、蓟马等。蚜虫一般认真看还是看得到的，粉虱
就更大一些了。而豆荚螟虫为害是蛀入豆角花或豆角内的，要剥
开花或豆角才能看得到。

斜纹夜蛾主要是幼虫为害，其幼虫食性很杂，食量也很大，
经常是傍晚后才出来为害，第二天早上又藏起来。

跳甲为害的是十字花科如白菜、菜心、萝卜等。

实蝇类，一般人们都叫它"针蜂"，主要是产卵到瓜、果内，
孵化出幼虫为害瓜、果。

我们经常看见白色蝴蝶在种植的蔬菜上飞舞，这是菜青虫成
虫在找合适的地方产卵，待幼虫孵化出后为害蔬菜。

↑ 菜园中挂放黄色粘虫板，可以很好地减少虫害

在认识了主要的病虫害后，都市菜园病虫害防治要遵守一个原则，就是"预防为主，综合防治"。具体要做的有以下几方面：

①按季节种植适合生长的蔬菜，并选用优质抗病的蔬菜品种。

②坚持轮作，减少病虫害的积累。

③合理密植，种得太密不但会造成蔬菜阳光不足生长夭细，而且在通风不良的情况下病虫越易发生。

④做好休耕、消毒。不论是土壤栽培，或是基质栽培，一年中最好有一个月休耕，并且进行消毒。在广州最好是在7月下旬至8月下旬休耕，并且薄膜覆盖或把土壤、基质装入薄膜袋中消毒。

⑤合理施肥。注意氮、磷、钾的平衡施用，磷、钾肥往往能增强蔬菜的抗性。要注意多施有机肥，这样不但能提高蔬菜口感品质，也能激活土壤、基质有益微生物活性，从而使得蔬菜免受病虫为害。

⑥挂粘虫板和诱虫瓶。一般市面有黄色和蓝色的粘虫板出售。蓝色粘虫板主要是针对蓟马有趋蓝的特性，以粘蓟马为主，而黄色粘虫板粘昆虫类型较多。诱虫瓶主要是通过性激素吸引实蝇。

⑦为了避免"针蜂"为害瓜果，可以在瓜果刚坐果后用纸袋或塑料袋套上。

⑧对可以看见的昆虫进行人工捕捉。如斜纹夜蛾、菜青虫、小菜蛾等可以用手捉除，这需要我们经常关心自己种的蔬菜。

⑨对螨类、蚜虫、蓟马等小昆虫，或菜青虫、小菜蛾、斜纹夜蛾发生多时，可选择用生物农药或安全高效农药喷杀。

⑩有白粉病、霜霉病等病害时，要及时去除病叶，严重时选用高效安全的菌剂防治。

↑ 用纸袋套瓜防实蝇为害　　　　↑ 用薄膜袋套瓜防实蝇为害

↑ 粘满粉虱的粘虫板

　　现在效果很好的生物农药有些是经营有机农场的人员自己配制的，可向相关人员购买使用。有些市面上有售，如专门针对斜纹夜蛾的多角体病毒，专门针对菜青虫的苏云金杆菌等。必要时也可用一些高效安全的化学农药，如阿维菌素＋螺螨酯，或啶虫脒等对以上害虫都有很好的防治效果。病害方面，有机食品也可使用的胶体硫，对防治白粉病效果不错，而精甲·百菌清对白粉病、霜霉病的防治效果很好。

↑ 通菜梗

都市菜园
时令特色
菜单

把农田搬回家

两米阳台　栽种未来

耕耘都市菜园可能都有不同的目的，但追求"食不厌精""不时不食"是永恒的话题。虽然，现今的菜市场上有林林总总的各色蔬菜，但有些特色蔬菜或由于采收工作量大或生长量少，菜市场已很少售卖；又或者有些大宗蔬菜，尽管有些蔬菜品种品质很好，但不耐贮运而难在菜市场见其踪影；又或者有些蔬菜品种，提早采收，可获得高品质产品，但如此就会导致产量低并且不耐存放，这样市场上也难买到；有些蔬菜，经我们辛勤劳作而得到好的收获，烹煮起来别有一番风味。基于以上考虑，我们试试在春、夏、秋、冬四季各烹煮三款菜式，供大家参考，以撩起大家追求美食、耕耘都市菜园的兴趣。

↑这个粉皮冬瓜，经过100多天的生长，可以采收了

↑春夏季特色蔬菜——一点红

1／春季菜单

 1.1 猪润瘦肉滚珍珠菜

材料： 猪润（即猪肝）150 克，瘦肉 150 克，珍珠菜 300 克，姜 3 片。

做法： 分别把猪润、瘦肉切片，用盐、生粉、糖、花生油、麻油、胡椒末拌匀，腌制待用。然后把约 5 碗水滚开，加入姜片，再加洗净的珍珠菜，加少许花生油滚开后加入猪润、瘦肉，最后加入少许盐调味即可。

↑ 猪润瘦肉滚珍珠菜

↑ 猪润、瘦肉、珍珠菜

↑ 珍珠菜

煮食心得： 珍珠菜在没有直射阳光的阳台，也能生长很好。春季珍珠菜尤其嫩滑。春季，万木生长，吃这种活血调经的蔬品正当时。

↑ 艾叶煎鸡蛋

1.2 艾叶煎鸡蛋

材料： 鲜嫩艾叶 50 克，鸡蛋 3 个，姜蓉少许。

做法： 先打出鸡蛋，搅匀，待用。切碎艾叶，并加入少许姜蓉、盐调味。在油镬上加入少许花生油，放入切碎已调味的艾叶，稍稍炒致变色，即加入打匀的鸡蛋，慢火煎至蛋微干，然后卷起，再煎至表面没水、微黄即可。

煮食心得：早春自家阳台的艾叶柔嫩芳香，入夏后艾叶味就太浓了，并且枝叶也起柴，不堪入食。嫩艾叶配上鸡蛋，香中有鲜味，稍稍煎黄外层，内里还有少许嫩蛋浆，外酥内嫩中带有艾叶的芳香，这不就是美食吗？

↑ 艾叶

↑ 艾叶、鸡蛋

↑ 艾叶煎鸡蛋

↑ 艾叶煎鸡蛋过程

1.3 虾酱炒通菜梗

材料： 通菜 600 克，虾酱 1 茶匙，蒜、辣椒少许。

做法： 把通菜叶摘去，只留通菜梗，并摘成长约 8cm 小段，洗净备用。在镬中加入少许花生油，油滚后加入蒜，再放入通菜梗爆炒至转色，加入虾酱，炒匀并加入少许水，盖上镬盖 30~50 秒，加入少许盐调味。要注意的是，虾酱是有咸味的，一次加盐不要太多，调味后再确定盐是否够。

↑ 虾酱炒通菜梗

↑ 通菜和配料

煮食心得：春季，广州的通菜尤其嫩，自家种的通菜没有市场的货架期，特别嘣脆。通菜叶与菜梗入味相差甚殊，特别是用鲜浓味的虾酱炒，要把叶与梗分开。

↑ 春季采摘通菜

179

2/夏季菜单

2.1　南瓜花鸡肉花汤

材料： 南瓜雄花几朵，鸡肉花几朵，瘦肉 100 克，鸡蛋 1 个，葱 1 棵。

做法： 把瘦肉剁碎，用盐、花生油、生粉、糖腌制待用。早上授粉完成后，南瓜的雄花在瓜蔓上已完成使命了，可以把其摘下。清洗后剔除花托，撕开花瓣，再摘几朵鸡肉花，撕下花瓣。用约 4 碗水，煮滚后放入瘦肉碎，再滚开后放入南瓜花瓣和鸡肉花瓣，放盐调味，再把打匀的鸡蛋放入，搅匀，马上加入切碎的葱即可。

↑ 南瓜花鸡肉花汤

↑ 南瓜雄花　　　　　　　　↑ 鸡肉花

煮食心得： 家中种的南瓜，其雄花早上完成授粉后就可以摘下来做菜了，配上同样嫩滑的鸡肉花，颜色鲜艳。这也是在菜市场难买到的好食材。

↑ 南瓜花瓣与鸡肉花瓣

2.2 鸡汤浸苦荬菜

材料： 鸡半只，苦荬菜600克，姜、红葱头少许。

做法： 把鸡切成小块，用盐、花生油、生粉、糖、姜片腌制待用。把约6碗清水滚开，加入腌好的鸡块，再滚开后加入苦荬菜，滚约5分钟，然后把苦荬菜捞起，淋上熟油红葱头即可。

↑ 鸡汤浸苦荬菜

↑ 熟油、豉油、姜蓉、红葱头

↑ 鸡与苦荬菜

煮食心得：夏天，广州可种的叶菜不多，而苦荬菜是难得适应高温高湿的蔬菜。并且，苦荬菜有清热解毒的功效，用鸡汤浸，立刻知道肉边菜的矜贵了。只是苦荬菜有很多类型，要种淋甜的那一类。

↑ 鸡汤浸苦荬菜

2.3 上汤冬瓜羹

材料：粉皮冬瓜1 500克，土鸡1只，排骨1条，大瑶柱3粒，鲜虾100克，火腿3片，鸡蛋1个，芫荽1棵。

做法：把粉皮冬瓜去皮后，靠瓢的磨成蓉，靠皮的切成粒，待用。把土鸡的胸肉、鸡肝、鸡肾切粒，鲜虾也切粒，并用盐、花生油、生粉、胡椒末、糖腌制好，待用。用约10碗水把余下的鸡及排骨、瑶柱煮上汤，先武火滚约10分钟，然后文火滚约90分钟，把鸡和排骨捞起，放入切好的冬瓜粒，滚开后慢火滚约15分钟，待冬瓜粒变软后再加入冬瓜蓉，滚开后放入火腿以及鸡粒、虾粒等，滚2~3分钟后放盐调味，用约3匙马蹄粉加水约半碗调成马蹄粉水，加入以上的汤中，起稠成羹，最后加入打好的鸡蛋，并放上芫荽粒即可。

煮食心得：从播种到收获，我们用了4个多月的时间辛勤培育，摘下来就要用心烹调了。种植的工夫花了，烹调就要更用心。喝这羹汤，有"高温汗多羹汤清补，盛夏大暑冬瓜正好"的感觉。

↑ 冬瓜粒与冬瓜蓉

↑ 粉皮冬瓜

↑ 土鸡、排骨

↑ 上汤冬瓜羹

3/秋季菜单

3.1 清蒸茄子

材料： 嫩青茄子 3~4 条，蒜蓉少许。

做法： 把茄子洗净切开，隔水蒸约 10 分钟，把碟内的水倒去，加入蒜蓉豉油熟油即可。

↑ 清蒸茄子

煮食心得： 这道菜的三个关键：一是要选品质优的青茄；二是茄子要嫩，在茄身还有凹凸感时就要采摘；三是要会做最后的调味料。

3.2 清水煮黄秋葵

材料： 鲜嫩黄秋葵300克，红线椒1个，蒜蓉少许。

做法： 把黄秋葵洗净，切成2段，然后放入开水中煮约3分钟，捞起，放干水。把红线椒切成丝，先把蒜蓉放入滚的花生油中，再放入红线椒丝，加少许盐调味，捞起放于碗中，然后加入酱油，淋入煮熟的黄秋葵上即可。

↑ 清水煮黄秋葵

煮食心得： 黄秋葵特别容易老化起纤维，只有选用幼嫩的黄秋葵，这道菜才能出彩。

↑ 切好的黄秋葵

3.3 蚝油牛肉炒花生芽

材料： 自发花生芽 250 克，红线椒 1 个，香芹菜 2 棵，姜、蒜少许，肥牛柳 200 克。

做法： 先把花生芽用开水滚约 30 秒，过冷水使用。把肥牛柳按横纹切片，然后用油、盐、糖、生粉、酱油腌制待用。先用姜把香芹炒香，捞起，然后用蒜蓉炒红线椒，再放入花生芽炒、煮约 1 分钟，加入香芹菜，放盐调味，捞起。用油炒肥牛柳，加入少许水及蚝油，至变色时马上加入已炒好的花生芽、香芹菜翻炒均匀即可。

↑ 蚝油牛肉炒花生芽

↑ 刚发好的花生芽

煮食心得： 在家中发花生芽，最关键是要选择新鲜的花生并用约50℃的水浸种约3小时。难得的是，自家发的花生芽虽然根特别长，但是口感脆嫩，味道芳香。

↑ 发花生芽

4 / 冬季菜单

 **蛤蒌饭**

材料：蛤蒌叶 5 片，鸡油少许、姜蓉少许。

做法：把蛤蒌叶洗净切碎，然后煎鸡油，把鸡油渣捞
出，放入切碎的蛤蒌叶、姜蓉、盐，炒熟，然
后放入已洗好的米中同煮即可。

↑ 蛤蒌饭

↑ 鸡油、蛤蒌叶

↑ 蛤蒌

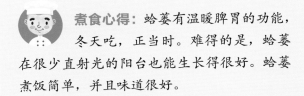

煮食心得： 蛤蒌有温暖脾胃的功能，冬天吃，正当时。难得的是，蛤蒌在很少直射光的阳台也能生长得很好。蛤蒌煮饭简单，并且味道很好。

↑ 大头菜蒸鲜鲍鱼

4.2 大头菜蒸鲜鲍鱼

材料： 准备好自家种植并晒制好的大头菜 1 个，鲜鲍鱼 4 只，瘦肉 100 克，姜少许。

做法： 大头菜切丝，鲜鲍鱼、瘦肉切成粗丝后用盐、花生油、生粉、酱油、糖、麻油、姜蓉腌制，再加入大头菜丝拌匀，隔水蒸约 7 分钟即可。

煮食心得： 老广坊间有话，"做好梦，就叫人食多点大头菜"，又或说"鲍鱼没有，大头菜就有"。说的是，大头菜偏温，似鲍鱼，且价格低廉。现在，大头菜配鲍鱼，再加上瘦肉提鲜，这确实会让你感觉大头菜与鲍鱼一样好吃。

↑ 刚拔出的大头菜

4.3 番茄煮大虾

材料： 马蹄番茄或金丰番茄750克，大海虾500克，瘦肉100克，青色辣椒2只，芫荽2棵，姜、蒜少许。

做法： 番茄洗净切大块，大海虾去壳，瘦肉切片，并用盐、花生油、生粉、酱油、糖腌好待用。辣椒切圈。起油镬，加入蒜蓉，后加辣椒、姜，再加入番茄，加少许糖，不用加水，煮4~5分钟，加入盐调味，捞起。把镬烧净，待镬干后加入少许花生油，待油滚后，把腌好的大海虾和瘦肉放入，煎至刚变焦黄色即起美拉德反应时放入已煮过的番茄，加盖煮2~3分钟，最后撒上芫荽即可。

↑ 番茄煮大虾

煮食心得： 这个菜最关键是要有皮薄、汁多、甜酸味浓的真味番茄。在现在农产品大流通的状况下，这种不耐贮运的番茄还是在自家菜园种吧。

参 考 文 献

白由路，2015．植物营养与肥料研究的回顾与展望 [J]．中国农业科学，48（17）：
　　3477-3492．

北京农业大学，1980．植物生理学 [M]．北京：农业出版社．

方智远，张武男，2011．中国蔬菜作物图鉴 [M]．南京：江苏科学技术出版社．

李合生，2002．现代植物生理学 [M]．北京：高等教育出版社．

刘自珠，张华，2016．广州蔬菜品种志 [M]．广州：广东科技出版社．

谭耀文，2015．耕馀话蔬 [M]．广州：广东科技出版社．

尤瓦尔·赫拉利，2014．人类简史：从动物到上帝 [M]．林俊宏，译．北京：中
　　信出版社．

中国农业科学院蔬菜花卉研究所，2010．中国蔬菜栽培学 [M]．北京：中国农
　　业出版社．